BEI GRIN MACHT SICH IHR WISSEN BEZAHLT

- Wir veröffentlichen Ihre Hausarbeit, Bachelor- und Masterarbeit

- Ihr eigenes eBook und Buch - weltweit in allen wichtigen Shops

- Verdienen Sie an jedem Verkauf

Jetzt bei www.GRIN.com hochladen und kostenlos publizieren

Tanja Feller

Internationaler Handel und Forstwirtschaft - Environmental Labelling

Nachhaltiges Forstwirtschaftsmanagement

GRIN Verlag

Bibliografische Information der Deutschen Nationalbibliothek:

Die Deutsche Bibliothek verzeichnet diese Publikation in der Deutschen National-
bibliografie; detaillierte bibliografische Daten sind im Internet über http://dnb.d-
nb.de/ abrufbar.

Impressum:

Copyright © 2005 GRIN Verlag GmbH
Druck und Bindung: Books on Demand GmbH, Norderstedt Germany
ISBN: 978-3-640-36931-7

Dieses Buch bei GRIN:

http://www.grin.com/de/e-book/130845/internationaler-handel-und-forstwirtschaft-
environmental-labelling

Executive Summary

This essay deals with the contentious issue of certification of forest products. Forest resources have been subject to an increasing deforestation process during the last fifty years. Although international trade in timber products is not the major source of global deforestation timber-related deforestation is greater than it needs to be. Illegal logging, unsustainable harvesting practices and distorting forestry policies all constitute to forest losses, especially in tropical countries. In order to protect natural resources on a global scale people from all countries have to cooperate. Since people from different countries have different cultural, social and financial backgrounds international agreements need to be signed to realise environmental goals. Developing countries are often not aware of the environment because they have to deal with problems such as poverty or political tensions prevailing in their country that are more serious to them. Nevertheless their cooperation is needed to reduce further deforestation. The international community needs to assist low income economies to make the adjustments needed for promoting more sustainable forestry. Certification of forest products, as part of any multilateral agreement, constitutes a policy-based instrument to ensure that all forest product exports are from sustainably managed sources. Therefore, certification is the only means to motivate regional governments to stick to a global environmental policy.

Inhaltsverzeichnis

1 Einführung

1.1 Definition: Nachhaltiges Forstwirtschaftmanagement

Unter dem Begriff *nachhaltiges Forstwirtschaftmanagement* versteht man den Prozess Wald-
flächen dauerhaft so zu bewirtschaften, dass ein oder mehrere genau festgelegte Manage-
mentziele erreicht werden. Dabei werden die Produktion und kontinuierliche Bereitstellung
von Holzprodukten, sowie Dienstleistungen ohne Wertverlust, Schmälerung der zukünftigen
Produktivität, und unerwünschte Auswirkungen auf das physikalische oder soziale Umfeld
berücksichtigt.[1]

1.2 Die Entwicklung der Gesamt-Waldfläche der Erde

Nach § 2 BwaldG ist Wald jede mit Forstpflanzen (Waldbäumen und Waldsträuchern) be-
stockte Grundfläche. Unter Berücksichtigung dieser Definition erstreckte sich gemäß FAO
1997 die Gesamt-Waldfläche der Erde 1995 auf 3,454 Milliarden ha. Im Jahre 1990 waren es
noch 3,511 Milliarden ha, also 56 Millionen ha mehr. Vor 4000 Jahren gab es angeblich rund
6 Milliarden ha Wald. Die Hälfte des verlorengegangenen Waldes, also 1,3 von 2,6 Milliarden ha, wurde zwischen 1950 und 1990 eingeschlagen![2] Durch Raubbau am tropischen Re-
genwald, aber auch durch emissionsbedingtes Waldsterben und Ausdehnung von Siedlungs-
flächen, nimmt die Waldfläche jährlich ca. 13,5 Millionen ha ab.

2 Der Weltmarkt für Holzprodukte

2.1 Handel mit Holzprodukten

25.000 bis 30.000 Holzarten existieren weltweit, wovon rund 5.000 Holzarten für gewerbliche
Zwecke geeignet sind. Gehandelt werden aber nur etwa 1.000.[3] Der Handel mit Holzprodukten macht folglich nur einen geringen Anteil der weltweiten Holzproduktion aus. Zum Welt-
einkommen trägt die Forstwirtschaft rund 2 % bei und macht 3% des internationalen Waren-
handels aus.[4]

---

[1] Übersetzt aus dem Englischen in: International Timber Council decision 6 (11), Quito, 8th Session, May 1991

[2] BDF-aktuell 1/98, S. 4)

[3] http://www.umweltlexikon-online.de/fp/archiv/RUBnaturartenschutz/Waldflaeche.php

[4] FAO 1997

Der Handel in Holzprodukten lässt sich in drei Handelsblöcke aufteilen: den Pazifikring, Nordamerika und Europa (schwerpunktmäßig Westeuropa), wobei in jedem Handelsblock die Industrieländer Hauptimporteur und die Entwicklungsländer Hauptexporteur sind.

2.2 Handelsschranken für Holzprodukte

Seit dem GATT-Abkommen 1947 wurden Handelsschranken im Welthandel sukzessive abgebaut. Von diesem Abbau hat auch der Handel in Holzprodukten profitiert. Trotz des Fortschrittes Zölle für Holzprodukte zu verringern zeichnet sich in jüngster Zeit ein Trend von neuen Handelsschranken ab, der die Adaption nachhaltiger Forstwirtschaft beeinflusst. Dabei handelt es sich um nicht zollgebundene Handelsschranken, die zu einer neuen Form von Protektionismus der jeweiligen Länder führen können. Neben den schon früher verbreiteten Exportrestriktionen bevorzugt eingesetzt seitens der Entwicklungsländer um die Weiterverarbeitung von Tropenholz im Inland für einen späteren Export zu fördern, sind nun vor allem zwei neue Maßnahmen hinzugekommen. Quantitative Einfuhrbeschränkungen von nicht nachhaltig hergestellten Holzprodukten und die Anwendung von Umweltzeichen und sogenannten „Grünen Zertifikaten" vor allem seitens der Industrieländer. All diese Praktiken können Auswirkungen für den Handel von Holzprodukten haben und zu Handelsverzerrungen und Diskriminierung führen.

Der Versuch der Entwicklungsländer den Export von Rohmaterial und Zwischenprodukten durch Verbote und hohe Exportsteuern auf Tropenholz zu reduzieren war, wie man am Beispiel von Südostasien sehen kann, nur bedingt erfolgreich. Obwohl in Malaysia, den Philippinen und Indonesien Kapazitäten zur Holzweiterverarbeitung aufgebaut wurden, konnte dies nur zu hohen Kosten und durch staatliche Subventionierung geschehen, sowie weiteren Kosten auf Grund uneffizienter und verschwenderischer Verarbeitungspraktiken.

In Industrieländern gibt es zusehends mehr Umweltrichtlinien für heimische Holzprodukte, die beabsichtigt oder nicht, eine Diskriminierung ausländischer Importe darstellen. Beispielhaft hierfür sind Vorschriften für die Wiederverwendung und Recycling von Holzprodukten, Verpackungen und Altpapier. Während in Industrieländern Rücknahmesysteme bestehen, stellen solche Regelungen für Anbieter aus Entwicklungsländern ein Markteintrittshindernis dar. Dasselbe gilt zum Beispiel für Restriktionen im Handel mit Holzpaletten, die mit Formaldehyd geklebt wurden, Kontrollen der für die Verarbeitung eingesetzten Materialien wie Chlor als Bleichmasse, oder Vorschriften bestimmte Holzpräservierungstechniken zu überwachen beziehungsweise gänzlich zu verbannen.

2.3 Wettbewerb auf dem Holzmarkt

Der Markt für Holzprodukte ist stark regionalisiert und es besteht auch viel Wettbewerb. Holzprodukte verschiedener Herkunftsgebiete konkurrieren nicht nur untereinander um Importmärkte, sondern auch mit Nicht-Holz-Substituten. Für Tropenholz und Holz aus den gemäßigten Zonen gibt es jedoch unterschiedliche Märkte, da Tropenholz generell härter ist. Substitutionseffekte bestehen somit lediglich zwischen Tropenhölzern verschiedener tropischer Regionen. Importeure können folglich problemlos Tropenholz von einer anderen Quelle beziehen, sollte ein Land Schutzzölle erheben. Exporteure haben dagegen die Möglichkeit Weltmarktanteile am Holzhandel durch Preiskampf zu erlangen. Anderseits können die Tropenholzproduzenten als Gruppe auftretend große Marktmacht erlangen. Hierin besteht auch eine Chance für die Umsetzung des nachhaltigen Forstwirtschaftmanagements. Wenn sich alle Tropenholzproduzenten zusammenschließen und dadurch der Marktpreis für Tropenholz steigt wird kein Land wesentlichen Marktanteil verlieren, da eine Substitution durch Nicht-Holz-Produkte, welche in der Möbelindustrie in geringem Umfang auftritt, im Großen nicht zu befürchten ist.

2.4 Illegale Abholzung und Handel mit Holzprodukten

Der illegale Handel mit Holzprodukten scheint unmittelbar an das Ausmaß der im Welthandel bestehenden Kontrollvorschriften bezüglich der Abbaupraktiken und angewandte Exportrestriktionen seitens der Holzproduzentenländer gekoppelt zu sein. Auch internationale Handelsverbote mit besonders gefährdeten Beständen haben einen illegalen Handel mit genau diesen Arten entfacht. Der illegale Handel erstreckt sich auf Praktiken der Abholzung, Mengenüberschreitungen, aber auch falsche Klassifizierung von Holzprodukten. Diese illegalen Aktivitäten stellen für die Förderung eines nachhaltigen Forstwirtschaftmanagements einen gewaltigen Rückschlag dar. Die destruktiven, kurzfristig Gewinn einbringenden Methoden zerstören nicht nur die Wälder, sondern bringen der Regierung des jeweiligen Entwicklungslandes weniger Einnahmen in Form von Exportzöllen, Lizenzgebühren und Einkommenssteuer, die dringend benötigt werden um ein nachhaltiges Forstwirtschaftmanagement zu implementieren.

3 Maßnahmen zur Förderung einer nachhaltigen Forstwirtschaft

3.1 Multilaterale Umweltabkommen

Weltweit gibt es rund 200 multilaterale Abkommen. Drei davon sind für den internationalen Handel unter Umweltgesichtspunkten von besonderer Bedeutung. Gemeinsam ist den drei Abkommen der vertraglich festgehaltene Konsens, dass es um umweltpolische Ziele zu erreichen notwendig ist, eine Verbindung zwischen Handelsvorschriften und Umweltschutz herzustellen. Länder, die sich entscheiden die Abkommen zu unterzeichnen, erklären damit ihre Bemühungen, die eigene Politik an einer globalen Umweltpolitik auszurichten. Die "Basler Konvention" und das "Montrealabkommen" sind hier mit angeführt, da sie beispielhaft zeigen, wie durch multilaterale Abkommen Umweltprobleme auf internationaler Ebene angegangen werden können.

3.1.1 Basler Konvention

Auf Grund der Giftmüllskandale der 80er Jahre erließen viele Industrieländer strenge Abfallvorschriften. Schärfere Kontrollen im Inland riefen jedoch skrupellose Abfallschieber auf den Plan. Sie exportierten den Giftmüll nun billig nach Osteuropa und in verschiedene Entwicklungsländer.

In Basel einigten sich 1989 die Delegierten einer internationalen Konferenz (34 Staaten) deshalb auf den Text der Basler Konvention, die 1992 in Kraft trat. Grenzüberschreitende Transporte von gefährlichen Abfällen sollten fortan auf ein Minimum reduziert und möglichst nahe beim Entstehungsort umweltgerecht behandelt und entsorgt werden. Die Entstehung von Sonderabfällen sollte bereits an der Quelle durch den Einsatz von sauberen Produktionstechnologien verringert werden. Bis 2002 haben 151 Staaten den Vertrag unterzeichnet.[5]

3.1.2 Montrealabkommen

Ziel des 1987 von 46 Nationen unterzeichneten Protokolls ist die Erhaltung der Ozonschicht durch die Verminderung und schlussendlich vollständige Eliminierung des Ausstoßes von ozonschichtabbauenden Stoffen auf weltweiter Ebene. Ein äußerstes Datum für den Produktions- und Vermarktungsstop der betreffenden Stoffe wurde festgelegt, wobei den Entwicklungsländern gegenüber den Industriestaaten eine längere Frist eingeräumt wurde. Ein multi-

---

[5] http://www.unep.ch/basel/ratif/ratif.pdf

lateraler Ozon-Fonds gewährt den Entwicklungsländern die für die Umsetzung des Protokolls nötige finanzielle und technische Hilfe.

3.1.3 CITES (Convention on International Trade in Endangered Species)

CITES ist eine internationale Handelskonvention. Der Staatsvertrag hat 1973 das Prinzip der Erhaltung und nachhaltigen Nutzung erneuerbarer natürlicher Ressourcen vorweggenommen, das den Entscheidungen des 1992er Umweltgipfels von Rio zugrunde liegt. Die Staatengemeinschaft will gemeinsam Maßnahmen ergreifen, um einzelne Arten frei lebender Tiere und Pflanzen vor der Ausrottung oder der übermäßigen Ausbeutung durch den internationalen Handel zu bewahren. CITES verwaltet einen Katalog, in dem Arten, deren Fortbestand durch extensiven internationalen Handel gefährdet ist, gelistet werden können und fortan durch ein Kontrollsystem und Sanktionen geschützt werden. Gleichzeitig wird den einzelnen Staaten die Verantwortung für den Schutz ihrer frei lebenden Tiere und Pflanzen im eigenen Land übertragen, denn ganze Lebensräume generell schützen kann die Staatengemeinschaft im Rahmen CITES nicht. 1973 unterzeichneten 108 Länder das Abkommen. Bis September 2002 ist die Anzahl auf 158 Unterzeichner gestiegen.[6]

Auf Grund einer erhöhten Abholzung von Tropenholz in den letzten 150 Jahren gelten zur Zeit über 7000 Baumarten als gefährdet nach den Kriterien der IUCN von 1994.[7] Aus Sorge über diesen Trend versuchen eine Zahl von Industrieländern, unterstützt durch Umweltschutzgruppen, verschiedene kommerziell genutzte Tropenholzarten in den CITES Katalog aufnehmen zu lassen. Weitere Listungen sind jedoch kritisch zu betrachten, da es mangels zuverlässiger Informationen über den Baumbestand einer Art und unsauberer Erhebungsverfahren stets fraglich ist, ob eine Art tatsächlich gefährdet ist. Außerdem kann dies, wie bereits erwähnt, zu mehr illegalem Handel führen. Zusätzlich stellt jede weitere CITES Listung für die CITES Behörden in den mit gefährdeten Arten handelnden Ländern eine wahre Herausforderung dar. Kontrollen sind aufwändig und ohne bedeutende Unterstützung durch die jeweilige Regierung wenig effektiv.

---

[6] http://www.cites.org/index.html

[7] Personal communication, Sara Oldfield, World Conservation Monitoring Centre, Cambridge, UK

3.2 Zertifizierung und Umweltzeichen / Environmental Labelling

In den letzten Jahren hat das Thema Forst- und Holzzertifizierung kontinuierlich an Bedeutung gewonnen. Hintergrund und Ziel der Forstzertifizierung ist es, der fortschreitenden Entwaldung entgegenzuwirken und eine langfristige Nutzung der forstlichen Ressourcen durch geeignete Marktinstrumente sicherzustellen. Forstzertifizierung unterstützt die Entwicklung einer effektiven nationalen Forstpolitik, Forstgesetzgebung und Forstplanung. Darüber hinaus ist sie ein wichtiges Instrument zur Interaktion von Ökologie, Ökonomie und sozialen Aspekten innerhalb der Forstwirtschaft. Außerdem trägt sie dem Verlangen einer wachsenden Öffentlichkeit Rechnung die Möglichkeit zu haben, sich für umweltfreundliche Produkte zu entscheiden. Die Einführung eines globalen Umweltzeichens wäre für ökologisch handelnde Konsumenten, denen es auf Grund mangelnder Detail- und Fachkenntnis nicht möglich ist, die Umweltfreundlichkeit verschiedener Produkte zu beurteilen, eine wichtige Orientierungshilfe.

An dieser Stelle sei jedoch nochmals erwähnt, dass nur etwa 20 % des weltweit gewonnen Holzes exportiert wird und somit die Bedeutung der Zertifizierung für das Ziel einer nachhaltigen Forstwirtschaft nicht überbewertet werden sollte. Zur Zeit stammen weniger als 0,5 % des Holzhandels aus zertifizierten Quellen.[8] Weiterhin strittig bleibt die Frage ob Zertifizierungsvorschriften mit bestehenden Welthandelsgesetzen vereinbar sind, da sie auch als Mittel zum Schutz der Inlandsmärkte missbraucht werden können. (Siehe 4.)
Auch das Argument, dass der Holzhandel langfristig von höheren Preisen profitieren wird, ist so nicht haltbar. Studien schätzen den zu erreichenden Preiszuschlag für umweltfreundliche Produkte auf fünf bis fünfzehn Prozent.[9]

3.2.1 Anforderungen an ein Zertifizierungssystem

Ein Zertifizierungssystem muss um international anerkannt und vereinbar mit dem Allgemeinen Zoll und Handelsabkommen (GATT) zu sein eine Vielzahl von Kriterien erfüllen:

- Ein Zertifizierungssystem ist stets mit GATT vereinbar, wenn die Zertifizierung auf freiwilliger Basis erfolgt (siehe auch Kapitel 4.2).

---

[8] http://www.umweltlexikon-online.de/fp/archiv/RUBnaturartenschutz/Waldflaeche.php

[9] Dubois et al., 1995, 83ff, Hohmeyer et al., 1995, 34 ; FSC, 1996a, 6f)

- Eine international anerkannte Zertifizierungsstelle muss gegründet werden, die unabhängig und unparteiisch ist. Diese Organisation, sowie deren Mitarbeiter, sollen keinerlei kaufmännischem, finanziellen, oder anderem Druck ausgesetzt sein (siehe Kapitel 3.2.2).
- Das Zertifizierungssystem muss alle Holzarten und Holzprodukte erfassen, nicht nur Tropenholz.
- Die Kriterien müssen objektiv und messbar sein.
- Das Zertifizierungssystem muss transparent sein.
- Alle beteiligten Parteien sollen vertreten sein.
- Kosteneffizienz ist zu berücksichtigen.
- Maßnahmen sollen stets zielorientiert und frei von persönlichen Interessen ergriffen werden.
- Die Kriterien müssen veröffentlicht sein um allen Exportländern die Möglichkeit zu geben sich zu beteiligen.
- Die Zertifizierungskosten sollen möglichst niedrig gehalten werden um Entwicklungsländer nicht von der Teilnahme auszuschließen.

Bei der Ausgestaltung eines Zertifizierungssystems gibt es die Möglichkeit einer leistungs- oder einer prozessbasierenden Zertifizierung. Erstere untersucht auf Basis von verschiedenen Indikatoren, ob das Forstwirtschafsmanagement nachhaltig ist. Es werden beispielsweise die Abholzungsintensität untersucht, Erosion auf Grund von Zufahrtswegen, Auswirkungen auf die Fauna und Artenverlust durch Abholzung, um nur ein paar zu nennen. Bei der prozessbasierenden Zertifizierung wird lediglich untersucht, ob die Forstwirtschaft effizient betrieben wird, das heißt ob beispielsweise möglichst wenig Abfall produziert wird. Die tatsächlichen Auswirkungen der Forstwirtschaft auf die Umwelt werden dabei nicht berücksichtigt. Auf internationaler Ebene hat sich bislang die leistungsbasierende Zertifizierung durchgesetzt.

3.2.2 FSC-Zertifizierung

FSC ist die englische Abkürzung für „Forest Stewardship Council", zu deutsch Waldbewirtschaftungsrat, und ist ein internationaler Verein. 1993 wurde er in Folge des Umweltgipfels von Rio geschaffen. Bei seiner Gründung waren Vertreter der Wald- und Holzwirtschaft, der Umweltverbände und der indigenen Völker anwesend. Der FSC setzt sich für eine ökologische und sozial verantwortliche Nutzung der Wälder unserer Erde ein. Der Verein ist Inhaber des FSC-Labels und vergibt als international anerkannte Akkreditierungsstelle an regionale

Zertifizierungsstellen das Recht, Holz aus naturnah bewirtschafteten Wäldern im eigenen Land mit dem ökologischen FSC-Label auszuzeichnen. Die FSC-Zertifizierung ist ein freiwilliger Prozess, in dem die ökologischen, ökonomischen und sozialen Aspekte der forstlichen Bewirtschaftung anhand speziell dafür entwickelter Kriterien bewertet werden. Forstbetriebe, die diese Kriterien erfüllen, werden mit einem Zertifikat ausgezeichnet. Das FSC-Zertifikat hat eine Gültigkeit von fünf Jahren. Während dieser Zeit wird die Zertifizierungseinheit jährlich kontrolliert. Die aus diesen zertifizierten Wäldern stammenden Produkte können durch ein Warenzeichen identifiziert werden. Um sicher zu gehen, dass nur Holz und Holzprodukte aus zertifizierten Wäldern ein FSC-Label (Anlage1) erhalten, muss der Weg des Holzes vom Wald bis zum Einzelhändler ebenfalls sorgfältig überwacht werden. Dies geschieht durch die Zertifizierung der Holzhandels- und Holzverarbeitungskette (Chain-of-Custody). Jedes holzverarbeitende und holzhandelnde Unternehmen, welches zertifiziertes Holz verarbeiten und mit dem FSC-Label kennzeichnen will, benötigt ein firmeneigenes Chain-of-Custody-Zertifikat.

3.2.3 Schwierigkeiten bei der Implementierung

Die Einführung eines Zertifizierungssystems für Holzprodukte ist nicht nur mit einem großen Planungs- und Kontrollaufwand verbunden, sondern auch mit Kosten. Hierbei lassen sich zwei Kostenarten unterscheiden. Direkte Kosten, die bei der Implementierung eines solchen Zertifizierungssystems entstehen, und indirekte Kosten durch Handelsverluste auf Grund von zunehmend illegalem Handel und Substitution durch nicht zertifizierte kostengünstigere Produkte.

Holzprodukte, die nachhaltig hergestellt wurden, müssen teurer sein, da sie einen Kostenpunkt in den Produktionskosten erfassen, der bei nicht nachhaltigen Produktionsverfahren überhaupt nicht berücksichtigt wird. Dieser Kostenpunkt umfasst Umweltkosten durch den Verlust an Biodiversität, Naturbeständen, Kohlespeichern, Wasserreservoiren, und Lebensqualität zukünftiger Generationen, um nur einige zu nennen. Da es sich hier um Kosten der Gesellschaft handelt, kümmern sie den einzelnen Holzproduzenten in seinem kurzfristigen Gewinnstreben wenig und werden folglich bei der Entscheidung über die Produktionsmethoden auch nicht berücksichtigt. Trotzdem muss ein Weg gefunden werden diese Kosten zu internalisieren, um einen Anreiz für ein nachhaltiges Forstwirtschaftsmanagement zu schaffen.

Wichtige Voraussetzung hierfür ist eine nachhaltige Umweltpolitik. Während in den Industrienationen Umweltkosten in Form von Abgaben und Schutzvorschriften bereits teilweise internalisiert werden, existiert in den Entwicklungsländern dieses Bewusstsein für den Wert der Umwelt noch nicht. Es wird im Gegenteil sogar häufig eine Politik betrieben, die ein gewinnmaximierendes Vorgehen beim Holzabbau fördert. Es werden kurzfristige Abbaukonzessionen vergeben oder unrentable Abholzungen subventioniert. Häufig fließen finanzielle Mittel aus dem Holzabbau, die für ein nachhaltiges Forstwirtschaftmanagement nötig wären, in die Taschen von Konzessionären, weil Regierungen Abbaurechte zu günstig vergeben haben. Ein kurzfristiger Geldsegen kann sich langfristig als Verlust herausstellen, wenn die für die Abholzung eingenommenen Mittel geringer sind, als die Kosten für eine spätere Aufforstung. Auch in den Industrienationen wird teilweise unpassende Politik betrieben. Preise pro gefällten Baum werden beispielsweise von Ämtern und nicht vom Markt bestimmt. So kann sich die Knappheit des Altbaumbestandes nicht im Marktpreis wiederspiegeln. Substitutionen können ebenfalls Auswirkung für die Umwelt haben. In Schweden beispielsweise wurde für die Holzproduktion die Trockenlegung von Sumpfgebieten subventioniert. Dadurch gingen über 30 Tausend ha Sumpfland, Heide und Moor verloren. Der landwirtschaftliche Wert dieser Fläche war zu vernachlässigen, der Wert der Umwelt als natürlicher Lebensraum für wild lebende Tiere war jedoch erheblich.

Es bedarf folglich einer politischen Reform um die Umweltkosten zu internalisieren. Zertifizierung kann ein entscheidender Anreiz für solch politische Reformen sein.

3.2.4 Finanzierung

Obwohl der Forstsektor langfristig von der Einführung eines effizienteren nachhaltigen Forstwirtschaftmanagements profitieren wird, werden für die Holzproduzentenländer kurzfristig höhere Kosten entstehen. Grundlegende Verbesserungen sind nötig im Bereich der Schaffung von Zugangswegen zu Holzabbaugebieten, dem Monitoring und der Planung des Forstmanagements, und Inspektionen der Holzhandels- und Holzverarbeitungskette. Auch die unabhängige Zertifizierung und eine Analyse der Forstpolitik erfordern in den Entwicklungsländern nicht nur finanzielle Unterstützung, sondern auch einen Technologietransfer und personelle Hilfe, um lokale Kapazitäten aufzubauen. In der UNCED[10] Konferenz zum Thema Umwelt und Entwicklung 1992 hat man sich darüber verständigt, dass die Entwicklungsländer für ihre globale Rolle bei der Erhaltung von Waldbeständen, die von globaler Bedeutung sind, kompensiert werden sollen. Groben Schätzungen der UNCED zu Folge werden hierfür

---

[10] United Nations Conference on the Environment and Development

jährlich zwischen 0,3 und 1,5 Billionen US Dollar benötigt.[11] Diese zusätzlichen Mittel können entweder aus dem Holzhandel mit Tropenholz oder aus anderen Quellen stammen. Gegen eine Verteuerung des Tropenholzes spricht die damit verbundene Diskriminierung von Tropenholz zu Gunsten von Holzarten aus den gemäßigten Ländern. Außerdem ist es nicht einsehbar, warum die finanziellen Mittel für ein nachhaltiges Forstwirtschaftmanagement aus dem internationalen Handel mit Holzprodukten gewonnen werden sollen, wo wie zuvor bereits erwähnt, nur ein geringer Anteil des abgebauten Holzes überhaupt international gehandelt wird. Dies würde einer unverhältnismäßigen Verteuerung gleichkommen. Eine weitere Möglichkeit wäre die Schaffung eines Zusatzfonds, welche Interventionen in den Marktmechanismus überflüssig machen würde. Gelder könnten hier gegebenenfalls auch in Form von Projekten und Schutzprogrammen gezielt zugeteilt werden. Die Finanzierung eines solchen Fonds bleibt jedoch ungeklärt. Als weitere Finanzierungsvariante ist der Handel mit Umweltzertifikaten im Gespräch.

4 Vereinbarkeit von Zertifizierung und Handelsabkommen

Kennzeichnungssysteme rütteln an den Grundfesten der Welthandelsorganisation. Da die Zertifizierung zu einer Substitution von nicht nachhaltigen Holzprodukten durch umweltfreundliche Produkte führen soll, hat sie Auswirkungen auf den Handel. Deshalb ist zu prüfen, ob Zertifizierung mit dem internationalen Handelsabkommen vereinbar ist.

4.1 GATT

GATT ist die Abkürzung für General Agreement on Tariffs and Trade (Allgemeines Zoll- und Handelsabkommen). Der GATT-Vertrag wurde 1947 von 23 Staaten unterzeichnet mit dem Ziel den weltweiten Handel durch Senkung der Zölle und Beseitigung anderer Außenhandelsbeschränkungen zu fördern. Als Vorläufer der heutigen Welthandelsorganisation WTO verzeichnete das GATT zuletzt 123 Vollmitglieder. Es hatte den Status einer Sonderorganisation der Vereinten Nationen (UN) und führte bis zur Ablösung durch die WTO acht GATT-Runden durch, das heißt Vereinbarungen über den weiteren Abbau von Handelshemmnissen. letzte dieser Art war die Uruguay-Runde 1986-93. Im Mittelpunkt der handelspolitischen Vereinbarungen stehen die Meistbegünstigung (Artikel 1 GATT) und die Nichtdiskriminierung / Inländergleichbehandlung (Artikel 3 GATT). Meistbegünstigung bedeutet, dass Produkte aus einem Mitgliedstaat nicht ungünstiger behandelt werden dürfen als gleichartige

---

[11] Barbier et al. 1994

Produkte aus einem anderen Land. Unter Nichtdiskriminierung / Inländergleichbehandlung versteht man, dass innere Steuern und sonstige Abgaben, Gesetze, Verordnungen und Vorschriften über den Verkauf, das Angebot, den Einkauf, die Beförderung, oder Verwendung von Waren auf importierte oder inländische Waren nicht in einer solchen Art und Weise angewendet werden sollen, dass die inländische Produktion geschützt wird.

4.2 Zertifizierung und Handelsabkommen

Da der urstprüngliche GATT Vertrag 1947 geschlossen wurde ist es offensichtlich, dass Umweltaspekte noch nicht explizit in dem Handelsabkommen erwähnt wurden. Bis heute existiert kein Artikel, der die Zertifizierung von Produkten regelt. Artikel 20b und g GATT sind die einzigen Paragraphen, die Interpretationsspielraum für Umweltbelange lassen. Sie stellen Ausnahmeregelungen des allgemeinen Handelsabkommens dar, wenn diese zum Schutz der Gesundheit von menschlichem, tierischem oder pflanzlichem Leben oder erschöpflicher natürlicher Ressourcen notwendig sind, sofern keine andere Alternative besteht, dies zu gewährleisten.

Artikel 1 und 3 GATT sind, wenn keine Ausnahmeregelung nach Artikel 20b oder g in Frage kommt, bei der Zertifizierung von Holzprodukten zu beachten. Zertifizierung kann Importprodukte nur implizit diskriminieren. Eine explizite Diskriminierung ist ausgeschlossen, da die Zertifizierung allen Produzenten frei steht. Eine implizite Diskriminierung ist nur schwer nachweisbar. Offensichtlich diskriminierend und somit ein Verstoß gegen Artikel 3 GATT wäre es, wenn die Definition der Kriterien für eine Zertifizierung nicht transparent, oder Kriterien genau auf nationale Standards des Importlandes zugeschnitten sind.

Ebenfalls strittig bleibt auch die Beurteilung der Kriterien für „gleichartige Produkte" im Sinne des Artikel 1 GATT. Bis 1993 umfasste GATT bei der Beurteilung von Gleichartigkeit nur produktbezogene Kriterien. Seit Gründung der WTO werden auch einige Prozess- und Produktionsmethoden (PPM) mitberücksichtigt. Dabei können PPMs produktbezogen sein, das heißt, dass durch die Produktionsmethode Charakteristiken des Produktes verändert wurden und die dadurch eventuell verursachten Umweltschäden auch im importierenden Land auftreten können. Handelt es sich um nicht produktbezogene PPMs, sind unter Umständen verursachte Umweltschäden nicht an das Produkt gebunden und können daher nicht mit diesem exportiert werden. Die Komplexität der Materie macht die Beurteilung von Gleichartigkeit schwierig, wenn nicht sogar unmöglich. Daher bleibt es umstritten ob und in welchem Umfang PPMs berücksichtigt werden sollen. Obligatorische Zertifizierung von Holzprodukten kann als PPM angesehen werden, da die Produkte nach einem bestimmten PPM Standard produziert werden müssen, um die Kriterien einer bestimmten Produktkategorie zu erfüllen. Eine obligatorische Zertifizierung nur für Tropenholz wäre jedenfalls ein Verstoß gegen den Grundsatz der Nichtdiskriminierung Artikel 3 GATT, da zumindest Einigkeit darüber besteht, dass Holzarten egal welcher regionalen Herkunft als gleichartig gelten sollen.

Langfristig wird man um einen weiteren GATT Artikel nicht herumkommen, der Ausnahme-regelungen für Umweltbelange enthält. Ein spezieller Unterartikel für Zertifizierungsfragen wäre dabei die beste Lösung.

5 Fazit

Es ist allgemein anerkannt, dass der internationale Handel mit Holzprodukten nicht hauptver-antwortlich für die globale Abholzung ist. Dennoch ist der durch gewerbliche Abholzung an der Natur angerichtete Schaden größer als er sein müsste. Das eigentliche Problem für den Umweltschutz ist, dass viele Holzproduzentenländer es versäumen, Forstmanagement, Handel und Politik so zu gestalten, dass dadurch Anreiz besteht die Holzressourcen nachhaltig zu bewirtschaften. Das Resultat sind falsche Anreize für kurzfristiges Gewinnstreben, den Abbau unwirtschaftlicher Ressourcen und eine versäumte Internalisierung der direkten und indirek-ten Kosten der Umweltauswirkungen. Die internationale Gemeinschaft kann die Holzprodu-zentenländer durch umfassende internationale Abkommen und finanzielle Hilfe bei den not-wendigen Reformen unterstützen. Solche Abkommen können jedoch nur dann effektiv umgesetzt werden, wenn sich sowohl Holzproduzenten- als auch Holzkonsumentenländer verpflichten, politische Instrumente wie die Zertifizierung einzusetzen. Um Zertifizierung rechtswirksamer zu machen und Konflikte mit anderen Welthandelsabkommen zu vermeiden, wäre langfristig ein weiterer GATT Artikel die beste Lösung, der sich der Problematik von Zertifizierungssystemen im internationalen Handel widmet.

Meiner Meinung nach ist es an der Zeit, dass der Umweltaspekt beim internationalen Handel ebenso ernst genommen wird wie Übereinkommen über die Nichtdiskriminierung und den Abbau von Handelsschranken. Der zunehmenden Bedeutung des Umweltschutzes könnte durch einen eigenen Artikel Rechnung getragen werden. Auch wenn das Problem der Abhol-zung durch Zertifizierungssysteme nicht zu lösen ist, so stellen sie im internationalen Handel mit Holzprodukten die einzige Möglichkeit dar, global auf die Gestaltung des Forstmanage-ments vor Ort Einfluss auszuüben.

6 <u>Literaturverzeichnis</u>

Anonymus (1997): Zertifizierung des Produktes Holz: Jetzt kommt das Umweltzeichen, Wald und Holz, S. 16

Anonymus (1997): Weshalb Zertifizierung?, Wald und Holz, 14, S. 17 f.

Barbier, E.B. (2001), International Trade and Sustainable Forestry, in: G.G. Schulze und H.W. Ursprung (Hrsg.), *International Environmental Economics*, Oxford: Oxford University Press, S. 114-147.

BUWAL, Eidg. Forstdirektion (Hrsg.) (1998): Waldzertifizierung und Holzlabelling, Materialien der Tagung vom 13. Februar 1998, ETH Zürich, BUWAL / Eidg. Forstdirektion

Forgo K. (2000), *Europäisches Umweltzeichen und Welthandel*, Heidelberg: Springer.

Karl, H. und C. Orwat (1999), Economic Aspects of Environmental Labelling, in: H. Folmer und T. Tietenberg (Hrsg.), *The International Yearbook of Environmental and Resource Economics*, Cheltenham: Edward Elgar, S. 107-170.

Michaelowa, A. (1997), Trade and Labelling of Timber and Timber Products, *Aussenwirtschaft*, 52/4, S. 561-581

Petrick, K. (1997): Qualitätsmanagement, Umweltmanagement und Zertifizierung in der Europäischen Union: Aufsätze, EG-Richtlinien und –Verordnungen, CE-Kennzeichnung, Öko-Audit, Beuth Verlag, Berlin

Weber, A. (2000): Unsere Erfahrungen mit der Zertifizierung Wald und Holz, 11, S. 44

<u>Internet-Adressen</u>:

http://www.umweltlexikon-online.de/fp/archiv/RUBnaturartenschutz/Waldflaeche.php

http://www.cites.org/index.html

http://www.unep.ch/basel/ratif/ratif.pdf

http://www.umwel-schweiz.ch/buwal/de/fachgebiete/fgstoffe/internat/montreal

http://www.umweltlexikon-online.de/fp/archiv/RUBnaturartenschutz/Waldflaeche.php

http://www.bvet.admin.ch/artenschutz/d/berichte_publikat/cites

http://www.umwelt-schweiz.ch/fokus/2002_08/baslerkonvention.htm

http://www.fao.org